BEI GRIN MACHT SICH IHR WISSEN BEZAHLT

AF130167

- Wir veröffentlichen Ihre Hausarbeit, Bachelor- und Masterarbeit

- Ihr eigenes eBook und Buch - weltweit in allen wichtigen Shops

- Verdienen Sie an jedem Verkauf

Jetzt bei www.GRIN.com hochladen und kostenlos publizieren

Bibliografische Information der Deutschen Nationalbibliothek:

Die Deutsche Bibliothek verzeichnet diese Publikation in der Deutschen National-
bibliografie; detaillierte bibliografische Daten sind im Internet über http://dnb.d-
nb.de/ abrufbar.

Impressum:

Copyright © 2013 GRIN Verlag, Open Publishing GmbH
Druck und Bindung: Books on Demand GmbH, Norderstedt Germany
ISBN: 9783668423862

Julia Sonne

Die Eignung von "Egg Races" als experimentelle Methode der Erkenntnisgewinnung in der Sekundarstufe I

GRIN Verlag

GRIN - Your knowledge has value

Der GRIN Verlag publiziert seit 1998 wissenschaftliche Arbeiten von Studenten, Hochschullehrern und anderen Akademikern als eBook und gedrucktes Buch. Die Verlagswebsite www.grin.com ist die ideale Plattform zur Veröffentlichung von Hausarbeiten, Abschlussarbeiten, wissenschaftlichen Aufsätzen, Dissertationen und Fachbüchern.

Besuchen Sie uns im Internet:

http://www.grin.com/

http://www.facebook.com/grincom

http://www.twitter.com/grin_com

Universität zu Köln

Mathematisch-Naturwissenschaftliche Fakultät

Institut für Chemie und ihre Didaktik

Seminar zu fachbezogenen Lern- und Kommunikationsprozessen im
kompetenz- und problemorientierten Chemieunterricht im Sommersemester 2013

Hausarbeit zum Thema:

Die Eignung des Egg Races als experimentelle Methode der Erkenntnisgewinnung in der Sek I

Inhaltsverzeichnis

1.Einleitung

Zu den im Konstanzer Beschluss von 1997 geforderten Maßnahmen zur Qualitätssicherung schulischer Bildung gehört vor allem die regelmäßige Durchführung von länderübergreifenden Vergleichsuntersuchungen zum Lern- und Leistungsstand von SuS[1].[2] Seitdem hat Deutschland verstärkt an internationalen Schulleistungsstudien teilgenommen. Die Ergebnisse, die Deutschland in den PISA-Studien, den TIMSS und IGLU dabei erzielen konnte, haben zu einem Umdenken bezüglich der Lehrpläne geführt. Sie sollten nicht weiter inputgesteuert bleiben, sondern ihren Fokus auf Schülerkompetenzen legen, also outputgesteuert werden.[3] Seit 2003 hat die KMK daher fächerspezifische Bildungsstandards verabschiedet, die festlegen, welche Kompetenzen von den SuS bis zu einem bestimmten Zeitpunkt beherrscht werden sollen. Im Dezember 2004 wurden diese Bildungsstandards auch für die naturwissenschaftlichen Unterrichtsfächer für den Mittleren Abschluss verabschiedet.

In den Bildungsstandards für den Chemieunterricht bis zum Mittleren Schulabschluss ist zwischen vier Kompetenzbereichen zu unterscheiden: Fachwissen, Erkenntnisgewinnung, Kommunikation und Urteilsfähigkeit. Diese Kompetenzerwartungen sind verbindlich. Die konkrete Gestaltung des Unterrichts hingegen liegt weiterhin im Handlungsspielraum der Lehrenden. Bestehende Unterrichtsmethoden müssen somit dahingehend kritisch reflektiert werden, ob sie den Kompetenzerwartungen Rechnung tragen können. Diese Arbeit konzentriert sich dabei auf den Kompetenzbereich der Erkenntnisgewinnung im Fach Chemie in der Sek I. Nach einer Betrachtung des Kernlehrplans Chemie für die Sekundarstufe I im Gymnasium soll dieser Kompetenzbereich darin verortet und charakterisiert werden.[4] Insbesondere seine Bedeutung für die Naturwissenschaft Chemie soll dabei herausgearbeitet werden.

---

[1] SuS steht für Schülerinnen und Schüler. Aus Gründen der Leserlichkeit wird in dieser Arbeit die Abkürzung verwendet.
[2] Konstanzer Beschluss. Online unter: http://www.kmk.org/fileadmin/veroeffentlichungen_beschluesse/1997/1 997_10_24-Konstanzer-Beschluss.pdf (29.6.2013, 17:05).
[3] Bildungsstandards. Online unter: http://www.iqb.hu-berlin.de/bista?reg=r_4 (29.6.2013, 17:52).
[4] Hier wie im Folgenden wird unter „Kernlehrplan" stets der Kernlehrplan für das Gymnasium – Sekundarstufe I in Nordrhein-Westfalen Chemie verstanden. Online unter:
http://www.standardsicherung.schulministerium.nrw.de/lehrplaene/upload/lehrplaene_download/gymnasiu m_g8/gym8_chemie.pdf (3.7.2013, 13:08).

Im Unterricht kann die Erlernung naturwissenschaftlicher Erkenntnisgewinnung durch experimentelle und theoretische Methoden erfolgen.[5] Die experimentelle Methode ist von zentraler Bedeutung[6] und Gegenstand dieser Arbeit. Ihr Beitrag zur Erlernung naturwissenschaftlicher Erkenntnisgewinnung hängt allerdings von der Art des Experiments und seiner Einbettung in den Unterricht ab.[7] Sein Potential im Unterricht vor dem Hintergrund des Kompetenzbereichs der Erkenntnisgewinnung ist daher darzustellen bevor im zweiten Teil dieser Arbeit das spezielle Beispiel des *Egg Races* als experimentelle Methode betrachtet werden soll. Das darzustellende Potential richtet sich dabei nach den Vorgaben der KMK sowie der fachwissenschaftlichen Literatur; es ist also als ideal anzusehen. Inwiefern dieses Ideal überhaupt durch das Experiment im Unterricht erreicht werden kann, wird in dieser Arbeit nicht diskutiert. Stattdessen soll im zweiten Abschnitt dieser Arbeit analysiert werden, inwiefern die ausgewählte Methode des *Egg Races* diese idealen Vorgaben erfüllen kann.

Das *Egg Race* ist eine relativ junge experimentelle Unterrichtsmethode, die sich immer größerer Beliebtheit erfreut. Sie folgt in der „Stufung der experimentellen Erkenntnisgewinnung"[8] dem Forschungsversuch, der als höchste Stufe gilt. Im Kanon experimenteller Unterrichtsmethoden ist das *Egg Race* obligatorisch. Aus der Bedeutung des *Egg Races* als Unterrichtsmethode ergibt sich daher die Notwendigkeit einer wissenschaftlichen Beschäftigung mit ihr. Ihr Potential bezüglich des Kompetenzbereichs der Erkenntnisgewinnung soll in dieser Arbeit herausgearbeitet werden. Nach einer Vorstellung dieser Unterrichtsmethode sollen daher Chancen und Grenzen der Methode herausgearbeitet werden. Inwiefern Variationen innerhalb der Methode ihr Potential steigern können, wird ebenfalls Eingang in die Darstellung finden. Basierend auf diesen Betrachtungen soll abschließend eine Bewertung des Potentials des *Egg Races* in Bezug auf den Kompetenzbereich der Erkenntnisgewinnung erfolgen.

---

[5] J. Kranz/J. Schorn (Hrsg.), Chemie Methodik. Handbuch für die Sekundarstufe I und II, 1. Aufl. Berlin 2008, S. 24.
[6] W. Kandt, Offenes Experimentieren im Anfangsunterricht. Entwicklung und Evaluation von Lernaufgaben zur Einführung naturwissenschaftlicher Arbeitsweisen, in: I. Parchmann(Hrsg.)/C. Hößle/M. Komorek/K. Wloka, Studien zur Kontextorientierung im naturwissenschaftlichen Unterricht, Bd. 5, Tönning 2008, S. 11 f.
[7] Kranz/Schorn, Chemie Methodik, S. 114 f.
[8] Ebd., S. 115.

2. Der Kernlehrplan Chemie

Der Wechsel von einer Input- zu einer Output-Orientierung im Schulunterricht ist im neuen, kompetenzorientierten Kernlehrplan deutlich zu erkennen. Während frühere Lehrpläne vor allem zu unterrichtende Inhalte vorgaben, beschreibt der neue Kernlehrplan „was Schüler nach dem Unterricht können sollen"[9]. Damit reagiert er auf Ergebnisse der TIMSS und PISA-Studien, nach denen „das Anwenden von Wissen und Problemlösefähigkeiten"[10] deutschen SuS Probleme bereiteten. Die Abkehr vom strengen Diktat zu vermittelnder Stoffinhalte lässt zudem mehr Freiräume bei der Gestaltung schulinterner Curricula zu.[11] Strukturierend für die zu vermittelnden Inhalte in der Sek I sind die drei Basiskonzepte „Chemische Reaktion", „Struktur der Materie" und „Energie", anhand derer SuS Unterrichtsinhalte ordnen und vernetzen können. Verbindlichen Inhaltsfeldern werden passende, fachliche Kontexte an die Seite gestellt, deren Lebensweltbezug den SuS den Zugang zur Chemie erleichtert. Bezüglich der fachlichen Kontexte dürfen Schulen aber auch selber kreativ werden. Übergeordnetes Ziel ist schließlich die Vermittlung einer naturwissenschaftlichen Grundbildung (Scientific Literacy), also der

> „Fähigkeit Wissen anzuwenden, naturwissenschaftliche Fragen zu erkennen und aus Belegen Schlussfolgerungen zu ziehen, um Entscheidungen zu verstehen und zu treffen, welche die natürliche Welt und die durch menschliches Handeln an ihr vorgenommenen Veränderungen betreffen"[12].

---

[9] Kandt, Offenes Experimentieren, S. 5.

[10] Ebd., S. 5.

[11] MNU Deutscher Verein zur Förderung des mathematischen und naturwissenschaftlichen Unterrichts e.V. (Hrsg.)/R. Stephani, Bildungsstandards Chemie. Konkretisierung der Bildungsstandards und Kompetenzbereiche an Beispielen für den Chemieunterricht. Empfehlungen für die Umsetzung der KMK-Standards Chemie S I., Neuss 2007, S. 5. Online unter:
http://www.mnu.de/images/Dokumente/rubberdoc/mnupublmnutrbschemieisbn16022.pdf (3.7.2013, 13:41).

[12] Kernlehrplan für das Gymnasium – Sekundarstufe I in Nordrhein-Westfalen Chemie, S. 8.

Die Intention SuS zur Handlungsfähigkeit zu erziehen tritt am deutlichsten in der Formulierung von vier zu vermittelnden Kompetenzbereichen hervor: Fachwissen, Erkenntnisgewinnung, Bewertung und Kommunikation. Neben dem konzeptbezogenen Kompetenzbereich Fachwissen stehen nun also gleichrangig drei prozessbezogene Kompetenzen.[13] Inwiefern der Kompetenzerwerb bei den SuS tatsächlich überprüft werden soll bzw. kann bleibt ein wichtiger Gegenstand der didaktischen Forschung.[14]

3. Erkenntnisgewinnung

Erkenntnisgewinnung ist wesentlicher Bestandteil der Naturwissenschaft Chemie. Durch sie wird aus ihr eine dynamische Wissenschaft. Das Streben nach neuem Wissen macht die Beschäftigung mit Methoden zur Erkenntnisgewinnung notwendig. Im Zentrum der Methoden zur Erkenntnisgewinnung steht das Experiment.[15] Trotz seiner enormen Bedeutung darf allerdings nicht vergessen werden, dass daneben noch weitere Methoden existieren.[16] Allgemein wird zwischen induktiven und deduktiven Methoden unterschieden. Während bei induktiven Methoden vom Einzelnen auf das Ganze geschlossen wird, ist es bei der Deduktion genau umgekehrt.[17] Das Experiment ist also eine induktive Methode. *Rein* deduktive Methoden sind in der Chemie dagegen nicht anzutreffen.[18]

Auch im Schulunterricht wird zwischen zwei Arten von erkenntnisbringenden Methoden unterschieden, nämlich den experimentellen und den theoretischen Methoden.[19] Verschiedene experimentelle Methoden vertreten hier somit alleinig den induktiven Zweig, was die Bedeutung des Experiments noch einmal unterstreicht. Die verschiedenen experimentellen Methoden sind außerdem nach ihrem Beitrag zur Erkenntnisgewinnung zu ordnen, wobei forschungsnahen Versuchen der größte Stellenwert einzuräumen ist.[20] Das Arbeiten mit Modellen und theoretische Lernprogramme gehören zu den theoretischen Methoden.[21]

---

[13] Vgl. Kandt, Offenes Experimentieren, S. 6.
[14] Vgl. MNU, Bildungsstandards Chemie, S. 20 f.
[15] . Kandt, Offenes Experimentieren, S. 11.
[16] Vgl. P. Pfeifer/B. Lutz/H. J. Bader, Konkrete Fachdidaktik Chemie, Neubearbeitung, München 2002, S. 90.
[17] Ebd., S. 93.
[18] Ebd., S. 93.
[19] Kranz/Schorn, Chemie Methodik, S. 24.
[20] Ebd., S. 115.
[21] Vgl. Kranz/Schorn, Chemie Methodik., S. 25.

3.1 Stellenwert der Erkenntnisgewinnung im Kernlehrplan Chemie

Dem Kompetenzbereich Erkenntnisgewinnung wird im Kernlehrplan vergleichsweise eine große Bedeutung beigemessen. Als eine von drei prozessbezogenen Kompetenzen wird er der konzeptbezogenen Kompetenz Fachwissen nicht nur gleichwertig gegenüber gestellt[22], sondern auch an verschiedenen Stellen aufgegriffen und konkretisiert. Wie bei allen prozessbezogenen Kompetenzen steht „die Handlungsfähigkeit von Schülerinnen und Schülern in Situationen, in denen naturwissenschaftliche Denk- und Arbeitsweisen erforderlich sind"[23] im Vordergrund. Welche Fähigkeiten konkret darunter zu verstehen sind, wird in zehn Punkten aufgeführt.[24] So sollen SuS bis zum Ende der Jahrgangsstufe 9 in der Lage sein chemische Fragestellungen zu entwickeln und zu beantworten. Dazu werden die Fähigkeiten aufgelistet, die hierfür nötig sind wie beispielsweise die Planung geeigneter Experimente, die Deutung dieser oder auch hierzu notwendiges Recherchieren. Darüber hinaus sollen Zusammenhänge zu Alltag und Gesellschaft hergestellt werden können.[25]

Das Ziel der naturwissenschaftlichen Grundbildung greift den Kompetenzbereich Erkenntnisgewinnung gleich zweimal auf: Zum einen sollen SuS „Methoden der Erkenntnisgewinnung und deren Grenzen"[26] erfahren, zum anderen sollen sie vor allem das Experiment als eine solche Methode kennenlernen[27]. Damit wird der Erkenntnisgewinnung eine zentrale Bedeutung innerhalb der Naturwissenschaften eingeräumt. Auf eine Unterscheidung zwischen induktiver und deduktiver Methode wie auch auf eine kompaktere Definition des Begriffs Erkenntnisgewinnung wird im Kernlehrplan allerdings verzichtet. Dieser Verzicht ist vor allem Form und Zweck des Kernlehrplans zuschulden und nicht mit einer Wertung zu verwechseln. Ohne diese Differenzierung vorzunehmen werden neben dem Experiment auch „andere Untersuchungsmethoden sowie Modelle nutzen"[28] als Methoden zur Erkenntnisgewinnung zumindest genannt.

---

[22] Kernlehrplan für das Gymnasium – Sekundarstufe I in Nordrhein-Westfalen Chemie, S. 13.
[23] Ebd., S. 16.
[24] Vgl. ebd. S. 17.
[25] Vgl. ebd., S. 17.
[26] Ebd., S. 8.
[27] Ebd., S. 9.
[28] Ebd., S. 17.

4. Die Rolle des Schul-Experiments

Dass Experimente Bestandteil des Chemieunterrichts sein müssen ist zweifellos[29], auch aus Perspektive der SuS.[30] Dies gilt im Besonderen im Rahmen der Erkenntnisgewinnung, welche zu den wichtigsten Funktionen eines Experiments gehört.[31] Wie bereits dargestellt wurde existieren neben dem Experiment zwar weitere, erkenntnisbringende Methoden, dennoch nimmt es in der Chemie den größten Stellenwert ein. Allein wird das Experiment jedoch nicht zum erkenntnisbringenden Akt. Stattdessen setzen bereits seine Planung, Durchführung, Beobachtung und Deutung Wissen voraus.[32] Neugier, die natürlicherweise jeder Fragestellung vorausgeht, ist dabei Ausgangspunkt experimenteller Erkenntnisgewinnung.

Es deutet sich an, dass vor allem die Rahmenbedingungen in großem Umfang bestimmen, inwiefern ein Experiment für SuS zum erkenntnisbringenden Akt werden kann.[33] Tatsächlich besteht nämlich „kein signifikanter Zusammenhang zwischen der reinen Durchführung eines Experiments und dem Lernerfolg der Schülerinnen und Schüler"[34]. Neben den schulspezifischen Voraussetzungen gehören zu diesen Rahmenbedingungen vor allem das Fachwissen der SuS und ihr experimentelles Geschick. Beides wird im Laufe der Zeit vertieft, sodass den SuS ein immer selbstständigeres Vorgehen auf allen Ebenen des Experimentierens ermöglicht wird. So kann auch das Experiment in der Schule für SuS Erkenntnisgewinnung im Sinne der Naturwissenschaft Chemie bedeuten.[35]

---

[29] Kandt, Offenes Experimentieren, S. 18.
[30] Ebd., S. 23.
[31] V. Merge, Untersuchung der Fähigkeit zur Auswertung experimenteller Befunde bei Gymnasiasten, Münster 2010, S. 12.
[32] Pfeifer/Lutz/Bader, Konkrete Fachdidaktik, S. 91.
[33] Vgl. Merge, Untersuchung der Fähigkeit, S. 12.
[34] M. Walpuski/A. Schulz, Erkenntnisgewinnung durch Experimente – Stärken und Schwächen deutscher Schülerinnen und Schüler im Fach Chemie, chimica didacticae 104 (2011), S. 22.
[35] Vgl. Merge, Untersuchung der Fähigkeit, S. 12.

4.1 Das Experiment als erkenntnisbringende Methode im Kernlehrplan Chemie

Auch im Kernlehrplan Chemie stellt das Experiment die bedeutendste Methode zur Erkenntnisgewinnung dar. Zwar werden andere Methoden genannt, nur in Bezug auf das Experiment finden sich jedoch zusätzliche Erläuterungen an verschiedenen Stellen. Einerseits geschieht dies, wie bereits besprochen, im Abschnitt zur naturwissenschaftlichen Grundbildung. Dabei wird dem Schülerexperiment eine herausgehobene Stellung zugewiesen.[36] Der Vorzug von Schülerversuchen entspricht auch der allgemein üblichen „Stufung der experimentellen Erkenntnisgewinnung"[37]. Andererseits bieten die Erläuterungen zu den prozessbezogenen Kompetenzen und im Einzelnen natürlich der Abschnitt über den Kompetenzbereich der Erkenntnisgewinnung weitere Informationen über die Einbindung von Experimenten. Hier ist von systematischem und reflektiertem Experimentieren die Rede.[38] Damit soll gewährleistet werden, dass Experimente ihr erkenntnisbringendes Potential auch tatsächlich entfalten können. Außerdem sollen SuS das Beobachten, Beschreiben, Erklären, Protokollieren, Durchführen und Planen von Experimenten erlernen.[39] Ausgangspunkt für die Planung von Experimenten sollen dabei eigene Fragestellungen und Hypothesen sein.[40]

Insgesamt enthält der Kernlehrplan Chemie also die wichtigsten Elemente erkenntnisbringenden Experimentierens. Konkrete Vorschläge, wie diese im Unterricht umgesetzt werden können fehlen dabei allerdings genauso wie eine differenziertere Abstufung verschiedener, experimenteller Methoden. Dem Schülerversuch wird zwar eine besondere Bedeutung beigemessen, dass dabei verschiedene Arten von Schülerversuchen in Hinblick auf den Kompetenzbereich Erkenntnisgewinnung von unterschiedlicher Eignung sind wird nicht diskutiert. Zum Teil ist auch hier wieder das Fehlen eines solchen Hinweises auf Form und Zweck des Kernlehrplans zurückzuführen. Angesichts der Relevanz dieses Aspekts kann eine nicht genug durchdachte Verkürzung aber auch nicht ausgeschlossen werden.

---

[36] Kernlehrplan für das Gymnasium – Sekundarstufe I in Nordrhein-Westfalen Chemie, S. 9.
[37] Vgl. Kranz/Schorn, Chemie Methodik., S. 115.
[38] Kernlehrplan für das Gymnasium – Sekundarstufe I in Nordrhein-Westfalen Chemie, S. 13.
[39] Kernlehrplan für das Gymnasium – Sekundarstufe I in Nordrhein-Westfalen Chemie, S. 17.
[40] Ebd., S. 17.

5. Das *Egg Race*

Das *Egg Race* ist eine seit Mitte der 70iger Jahre immer beliebter werdende, experimentelle Unterrichtsmethode.[41] Die Bezeichnung leitet sich von der BBC-Fernsehsendung „The Great Egg Race" aus den 70iger Jahren ab, in der Zuschauer mit Problemen konfrontiert wurden, die sie zu lösen versuchen sollten.[42] In Deutschland findet sich synonym für die Bezeichnung *Egg Race* auch noch die Bezeichnung Kopfballversuch.[43] Sie leitet sich ebenfalls von einer gleichnamigen Fernsehsendung des WDR ab, worin SuS Problemstellungen unter Zuhilfenahme von Materialboxen im Wettkampf bearbeiten.[44]

Egg Races sind also „problemlösende Aktivitäten"[45]. Als Methode im Chemieunterricht bieten sie vielerlei Vorteile. Allen voran werden hier die Förderung kreativen Denkens und Handelns, die Motivation durch die Wettbewerbssituation, die Übung von Teamwork und Selbstständigkeit als Vorteile genannt.[46] Die Wahl von Problemen mit besonderem Aktualitäts- oder Alltagsbezug kann die Motivation noch weiter steigern. Im Unterricht lässt sich das *Egg Race* als experimentelle Methode einsetzen, indem der Lehrer die SuS mit einem Problem konfrontiert, das sie experimentell und in Gruppen lösen sollen. Der Wettbewerb besteht auch hier darin in der Problemlösung das schnellste Team zu sein. Sogenannte *offene Egg Races* sind dabei stark ergebnisorientiert. Das bedeutet, dass Lösungswege frei gewählt werden dürfen und am Ende vor allem das Ergebnis zählt.[47] Sogenannte *strukturierte Egg Races* sind dagegen prozessorientiert. Bei ihnen wird der Lösungsweg vom Lehrer gelenkt.[48] Offene *Egg Races* entsprechen den klassischen *Egg Races*, die an die Unterrichtssituation angepasst wurden. Sie stehen daher im Fokus dieser Arbeit.

---

[41] H.-J. Gärtner/V. Scharf, Chemische "Egg Races" in Theorie und Praxis. 17 Vorschläge zur Gruppenarbeit von Mädchen und Jungen im Chemieunterricht der Sekundarstufe I, Online-Ausgabe 2001 S. 4 f. Online unter: http://www.chemie-biologie.uni-siegen.de/chemiedidaktik/dokumente/service/fundgrube/chemrace.pdf (19.8.2013, 1:02).
[42] Ebd., S. 6.
[43] Vgl. Kranz/Schorn, Chemie Methodik., S. 132.
[44] Ebd., S. 133.
[45] Gärtner/Scharf, Chemische „Egg Races", S. 7.
[46] Ebd., S. 7.
[47] Ebd., S. 8.
[48] Ebd., S. 8.

5.1 Erlernung naturwissenschaftlicher Erkenntnisgewinnung durch *Egg Races*

Egg Races bzw. Kopfballversuche folgen, wie bereits besprochen, in der Stufung der experimentellen Erkenntnisgewinnung gleich den Forschungsversuchen. Ihnen wird also ein hohes Potential innerhalb des betreffenden Kompetenzbereiches zugeschrieben. Tatsächlich enthalten *Egg Races* ein breites Spektrum von Elementen, die in der Erkenntnisgewinnung eine wichtige Rolle spielen: Das Fachwissen der SuS findet bei der Problemlösung durch Planung und Durchführung von Experimenten Anwendung, sie führen selbstentworfene Versuche durch und ziehen aus den Versuchsergebnissen Schlüsse bezüglich des Problems.[49]

Gleichwohl stellen *Egg Races* viele Ansprüche an die SuS, sodass sich die Frage stellt, ob sie in der Sekundarstufe I überhaupt schon gewinnbringend eingesetzt werden können und wenn ja, in welchem Maße. In Studien an 7. Klassen an Gymnasien und 10. Klassen an Realschulen konnten *Walpuski und Schulz* bei den SuS erhebliche Defizite beim selbstständigen Experimentieren nachweisen. Die SuS hatten große Schwierigkeiten damit hypothesengeleitet vorzugehen.[50] Das heißt, dass ihnen der Entwurf von Experimenten, die gestellte Hypothesen überprüfen sollten, schwerfiel.[51] Hinzu kamen Fehler beim Beobachten und Protokollieren.[52] Es zeigt sich, dass SuS insbesondere mit dem Erkennen von Falsifikationen ihrer aufgestellten Hypothesen Schwierigkeiten haben. Sie legen ihre Experimente in aller Regel als Bestätigungsexperimente an und wissen eine eintretende Falsifikation nicht als solche zu deuten.[53] Generell scheint SuS die Interpretation experimenteller Befunde schwerzufallen.[54] Alles in allem wirkt ihr Verständnis von naturwissenschaftlichen Arbeitsweisen mangelhaft.[55]

Diese negativen Befunden sind jedoch nicht als Hinweis darauf zu verstehen, dass *Egg Races* für die Sekundarstufe I ungeeignet sind. Vielmehr weisen sie auf Missstände im aktuellen Unterrichtsgeschehen hin. Damit das *Egg Race* auch bei den unerfahreneren SuS zum erkenntnisbringenden Akt werden kann, gilt es die Missstände zu beseitigen. Unter anderen Umständen zeigt sich nämlich, dass schon Siebtklässler Experimente erfolgreich auswerten

---

[49] Vgl. Vgl. Kranz/Schorn, Chemie Methodik., S. 132.
[50] Walpuski/Schulz, Erkenntnisgewinnung durch Experimente, S. 6.
[51] Ebd., S. 7 f.
[52] Ebd., S. 7.
[53] Vgl. ebd., S. 10.
[54] Ebd., S. 10.
[55] Ebd., S. 12.

können.[56] Als Missstände zu nennen sind der überbordende Einsatz von Experimenten rein aus Motivationsgründen[57], die zum Teil fehlende Nachbereitung[58] sowie die fehlende Vermittlung von Methoden der Erkenntnisgewinnung[59]. Werden „Hypothesenbildung, experimentelle Prüfung und Schlussfolgern aus experimentellen Daten im Unterricht explizit thematisiert"[60], so kommt es schon in 7. Klassen zu deutlichen Fortschritten. Das Experiment sollte denn SuS nicht nur als reines Bestätigungsexperiment bekannt sein, sondern von Beginn an als Methode zum „Überprüfen von Erklärungen"[61]. Nur auf diese Art kann auch der Umgang mit Falsifikationen eingeübt werden.

Egg Races sind folglich schon in der Sekundarstufe I dafür geeignet den Kompetenzbereich Erkenntnisgewinnung bei SuS zu fördern. Ihr Potential hängt dabei nicht allein von der Methode ans sich ab, sondern zu großen Teilen von seiner Einbettung in den Unterricht. Nur wenn die Rahmenbedingungen stimmen, kann aus dieser motivierenden Methode auch eine erkenntnisbringende werden. Den Forderungen des Kernlehrplans Chemie an den Kompetenzbereich Erkenntnisgewinnung kommt die Methode in vielen Punkten nach: Das *Egg Race* verlangt von den SuS Beobachtung und Beschreibung, die Aufstellung von Hypothesen, eigenverantwortliches Planen und Durchführen von Experimenten wie auch das Schlussfolgern aus den erlangten Befunden.[62] Auch aus dieser Perspektive ist die Methode als für die Sekundarstufe I angemessen zu erachten.

---

[56] Vgl. Merge, Untersuchung der Fähigkeit, S. 256.
[57] Vgl. Walpuski/Schulz, Erkenntnisgewinnung durch Experimente, S. 22.
[58] Ebd., S. 22.
[59] Ebd., S. 12.
[60] Ebd., S. 24.
[61] V. Merge/R. Heimann, Chemische Experimente – Inwieweit nutzen Siebtklässler sie zur Überprüfung von Erklärungen für chemische Phänomene?, chimica didacticae 104 (2011), S. 49.
[62] Vgl. Kernlehrplan für das Gymnasium – Sekundarstufe I in Nordrhein-Westfalen Chemie, S. 17.

5.2 Schwächen der Methode und mögliche Variationen zur Verbesserung

Beim *Egg Race* handelt es sich nicht um eine starre Methode. Im Gegenteil weist die Methode in vielerlei Hinsicht Möglichkeiten zur Variation auf, sodass eventuelle Nachteile oder Schwierigkeiten beseitigt und teilweise sogar ins Gegenteil verkehrt werden können. Gleichzeitig ist die größte Schwäche der Methode nicht veränderbar. Diese Schwäche liegt darin begründet, dass die Fragestellung bzw. Konfliktpotential von der lehrenden Person, also nicht von den SuS selbst, ausgeht. Damit entfällt beim *Egg Race* für die SuS der Ausgangspunkt erkenntnisbringender Arbeit, der auch im Kernlehrplan gefordert wird. Diese Tatsache ist jedoch Charakteristikum der Methode. Sie zu verändern bedeutete eine Verwischung der Grenze zum forschenden Experimentieren und folgte nicht mehr dem, was unter *Egg Races* im eigentlich Sinn zu verstehen ist. Nicht umsonst werden *Egg Races* also hinter den Forschungsversuchen angesiedelt.

5.2.1 Grundsätzliches

Bei der Planung eines *Egg Races* für den Chemieunterricht muss die Lehrperson einige grundsätzliche Dinge beachten. Scheinen sie auch selbstverständlich, sollen sie hier der Vollständigkeit halber trotzdem Erwähnung finden. Wie bereits erwähnt spielt die Einbettung in den Gesamtunterricht eine entscheidende Rolle für den Erfolg eines *Egg Races*. Erkenntnistheoretisches Arbeiten sollte den SuS bereits in der Theorie geläufig sein. Die Problemstellung darf weder ihr fachliches Wissen noch ihre experimentellen Fähigkeiten überschreiten. Gleichzeitig „sollte die Art der Fragestellung bei den Schüler(inne)n kognitive Konflikte hervorrufen"[63]. Alltags- und/oder Aktualitätsbezug machen Fragestellungen oft besonders spannend. Wie bei jeder Unterrichtsform stellt auch das Zeitmanagement eine wichtige Komponente dar. Zu jedem *Egg Race* gehören auch eine Vor- und eine Nachbesprechung.[64] Gezielte Tipps können notfalls Gruppen schneller auf den richtigen Weg führen. Sie sind zweckmäßig nur sparsam anzuwenden.

---

[63] Gärtner/Scharf, Chemische „Egg Races", S. 8.
[64] Ebd., S. 14.

5.2.2 Technische Begebenheiten

Natürlicherweise grenzen schulische Ausstattung und Sicherheitsauflagen die Freiheit beim Experimentieren im Unterricht ein. Vor allem den Materialaufwand kann die Lehrperson durch Variation der Gruppengrößen beeinflussen. Es ist offensichtlich, dass aus ökonomischer Sicht dennoch für das *Egg Race* weniger materialintensive Versuche am geeignetsten sind. Damit SuS beim Planen möglicher Versuche keine Rückschläge erleben müssen, weil ihre Vorschläge ausrüstungsbedingt nicht aufgegriffen werden können, muss die Lehrperson diese Faktoren unbedingt berücksichtigen. Hierzu eignet sich besonders das Arbeiten mit Materialboxen. Den Gruppen werden hierbei Boxen mit Material, das zur Problemlösung verwendet werden darf, ausgehändigt.[65] Ein höchstmögliches Maß an Freiheit beim Experimentieren ohne Materialengpässe garantiert eine reale, naturwissenschaftliche Arbeitsatmosphäre unter der Erkenntnisgewinnung stattfinden kann.

5.2.3 Gruppenzusammenstellung

Über die Gruppenzusammenstellung lassen sich sehr viele Faktoren beeinflussen. Die Gruppengrößen sind je nach Aufgabenstellung, Arbeits- und Materialaufwand zu variieren.[66] Zudem ist die Anzahl der Gruppen auch davon abhängig, inwiefern sie von der Lehrperson gleichmäßig überwacht und betreut werden können. Es ist notwendig, dass alle Gruppen zwischendurch die Möglichkeit haben die Lehrperson zu befragen und sich nach der Korrektheit ihrer Experimente zu erkunden.[67]

Die Gruppenzusammensetzung bestimmt, wie effektiv die Gruppe arbeiten wird. Um einen möglichst fairen Wettbewerb zu garantieren, sollten leistungsstärkere SuS mit schwächeren SuS zusammen arbeiten müssen.[68] Hier wird auch ersichtlich, warum *Egg Races* im Unterricht stets in Form von Gruppenarbeit stattfinden sollten. Leistungsschwächere oder langsamere SuS sollen Niederlagen nicht alleine tragen müssen und hinter den Leistungen der

---

[65] Vgl. Kranz/Schorn, Chemie Methodik., S. 135.
[66] Gärtner/Scharf, Chemische „Egg Races", S. 11.
[67] Walpuski/Schulz, Erkenntnisgewinnung durch Experimente, S. 15.
[68] Gärtner/Scharf, Chemische „Egg Races", S. 10.

Leistungsstarken nicht chancenlos zurückbleiben.[69] Dass solche Situationen kein erkenntnisbringendes Arbeiten fördern ist eindeutig. Sind einige Gruppen dennoch deutlich schneller fertig, darf hieraus kein Aufsichtsproblem erwachsen. Hier muss die Lehrperson beispielsweise mit vorbereiteten Zusatzaufgaben oder weiterführender Literatur vorgesorgt haben.[70] Für die anderen Gruppen kommt es damit zu keiner Beeinträchtigung ihrer Arbeitsatmosphäre.

5.2.4 Wettkampf und Niederlage

Der Gefahr, dass einzelne SuS oftmals Niederlagen allein hinnehmen müssen, wird wie bereits angesprochen, durch Gruppenarbeit entgegengewirkt. Doch auch unter den Gruppen darf das *Egg Race* nicht zum unkontrollierten Wetteifern gegeneinander ausarten. Die Schaffung einer Wettbewerbssituation ist für SuS zwar besonders motivierend, den eigentlichen Zweck der Methode, nämlich die Einübung erkenntnisbringenden Arbeitens, darf sie dennoch nicht verdrängen. So sollte neben dem Ergebnis auch der Prozess, den die SuS durchgemacht haben, gewürdigt werden. Auch deswegen muss genügend Zeit für die Nachbesprechung eingeplant werden. Hier sollen alle Lösungsansätze gewürdigt und besprochen werden.[71] Die Gewinnergruppe sollte außerdem nicht zusätzlich belohnt werden. Stattdessen ist es denkbar allen Gruppen eine Art Teilnehmerurkunde zukommen zu lassen.[72] Bereits durch die Zusammenstellung der Gruppen kann der Lehrer bei guter Kenntnis der Klasse Einfluss auf die Fairness des Wettbewerbs nehmen. Bei mehrmaliger Anwendung der Methode sollten diese Zusammensetzungen stets variiert werden. Zusätzlich ist die Verfassung eines Fairnesskodex' wünschenswert.[73]

---

[69] Gärtner/Scharf, Chemische „Egg Races", S. 9.
[70] Vgl. E. Rossa (Hrsg.), Chemie Didaktik. Praxishandbuch für die Sekundarstufe I und II, Berlin 2005, S. 28.
[71] Gärtner/Scharf, Chemische „Egg Races", S. 11.
[72] Ebd., S. 11.
[73] Ebd., S. 11.

6. Fazit

Die Ergebnisse länderübergreifender Vergleichsstudien haben in Deutschland fächerübergreifend zu einem Umdenken bei den Unterrichtsinhalten geführt. Anstelle der Vermittlung reinen Fachwissens zielen diese nun darauf, SuS zu handlungsfähigen Individuen zu erziehen. Dies geschieht, indem dem konzeptbezogenen Kompetenzbereich Fachwissen drei prozessbezogene Kompetenzbereiche gleichrangig zur Seite gestellt werden: Erkenntnisgewinnung, Kommunikation und Urteilsfähigkeit.

Erkenntnisgewinnung spielt in der Naturwissenschaft Chemie eine herausragende Rolle. Sie macht den dynamischen Charakter dieser Wissenschaft aus und damit die Beschäftigung mit Methoden zur Erkenntnisgewinnung notwendig. Als wichtigste erkenntnisbringende Methode gilt das Experiment. Der Kernlehrplan Chemie trägt diesen Tatsachen Rechnung, indem er den Kompetenzbereich aufnimmt und begrifflich erweitert. Auch die besondere Rolle des Experiments findet sich im Kernlehrplan wieder. Auf konkretere Ausdifferenzierungen wird hierbei allerdings verzichtet.

Das *Egg Race* ist eine relativ moderne experimentelle Unterrichtsmethode, die sich nicht umsonst immer größerer Beliebtheit erfreut. Beim Lösen einer Problemstellung in Gruppenarbeit durchlaufen SuS im Wettbewerb viele Prozesse, die dem realen erkenntnisbringenden Arbeiten entsprechen. Viele dieser Elemente finden sich auch im Kernlehrplan wieder, sodass die Anwendung von *Egg Races* im Unterricht auch in dieser Hinsicht berechtigt ist. Mit einer geeigneten Einbettung in den Unterricht besitzt diese Methode ein hohes Potential bei SuS den Kompetenzbereich Erkenntnisgewinnung zu fördern. Ohne diese Rahmenbedingungen dagegen kann die Methode nicht bestehen.

Als größte Schwäche und gleichzeitig unveränderliches Charakteristikum der Methode ist die Tatsache zu nennen, dass bei ihr die Fragestellung bzw. eine Problemstellung nicht von den SuS selbst ausgeht, sondern vom Lehrer eingebracht wird. Damit fehlt den SuS beim Prozess der Erkenntnisgewinnung der üblicherweise selbst zu schaffende Ausgangspunkt. In diesem Punkt kann die Methode auch die im Kernlehrplan gestellte Forderung nach dem Entwerfen eigener Fragestellungen nicht erfüllen. Hiermit erklärt sich die Stufung der experimentellen Erkenntnisgewinnung. Ansonsten aber handelt es sich beim *Egg Race* um eine äußerst flexible Unterrichtsmethode. Die Lehrperson hat vielerlei Möglichkeiten Veränderungen vorzunehmen, um so eventuellen Schwierigkeiten vorzubeugen. Anpassungen können vor allem hinsichtlich der grundsätzlichen Rahmenbedingungen, der technischen Voraussetzungen, der Gruppenzusammenstellungen und des Wettkampfcharakters vorgenommen werden. Diese Veränderungen zielen darauf ab, den erkenntnisbringenden Effekt der Methode zu steigern und können mit vertretbarem Aufwand gewährleistet werden, sodass sich die Methode als äußerst geeignet für den Schulunterricht herausgestellt hat.

Dies trifft auch schon auf den Unterricht in der Sekundarstufe I zu. Verschiedene Studien haben gezeigt, dass deutsche SuS erhebliche Defizite beim selbstständigen Experimentieren aufweisen. Entgegen der Vermutung, dass der Einsatz der Methode in der Sekundarstufe I verfrüht sein könnte, zeigte sich jedoch, dass einzig die Rahmenbedingungen diese Defizite bestimmen. Sind die Rahmenbedingungen dagegen geeignet und wurde genügend Vorarbeit geleistet, so sind bereits Siebtklässler in der Lage erfolgreich selbstständig zu experimentieren und Schlüsse daraus zu ziehen. Diese Beobachtung zeigt deutlich auf, dass auch die beste Methode erfolglos bleiben wird, wenn sie nicht sinnvoll und bedacht in den Unterricht integriert wird.

7. Literaturverzeichnis

Bildungsstandards. Online unter: http://www.iqb.hu-berlin.de/bista?reg=r_4.

Gärtner, Hans-Joachim/Scharf, Volker, Chemische "Egg Races" in Theorie und Praxis. 17 Vorschläge zur Gruppenarbeit von Mädchen und Jungen im Chemieunterricht der Sekundarstufe I, Online-Ausgabe 2001. Online unter: http://www.chemie-biologie.uni-siegen.de/chemiedidaktik/dokumente/service/f undgrube/chemrace.pdf.

Kandt, Wilhelm, Offenes Experimentieren im Anfangsunterricht. Entwicklung und Evaluation von Lernaufgaben zur Einführung naturwissenschaftlicher Arbeitsweisen, in: I. Parchmann(Hrsg.)/C. Hößle/M. Komorek/K. Wloka, Studien zur Kontextorientierung im naturwissenschaftlichen Unterricht, Bd. 5, Tönning 2008.

Kernlehrplan für das Gymnasium – Sekundarstufe I in Nordrhein-Westfalen Chemie. Online unter: http://www.standardsicherung.schulministerium.nrw.de/lehrplaene/upload/lehrp laene_download/gymnasium_g8/gym8_chemie.pdf.

Konstanzer Beschluss. Online unter: http://www.kmk.org/fileadmin/veroeffentlichungen_besc hluesse/1997/1997_10_24-Konstanzer-Beschluss.pdf.

Kranz, Joachim/Schorn, Jens (Hrsg.), Chemie Methodik. Handbuch für die Sekundarstufe I und II, 1. Aufl. Berlin 2008.

Merge, Vera/Heimann, Rebekka, Chemische Experimente – Inwieweit nutzen Siebtklässler sie zur Überprüfung von Erklärungen für chemische Phänomene?, chimica didacticae 104 (2011).

Merge, Vera, Untersuchung der Fähigkeit zur Auswertung experimenteller Befunde bei Gymnasiasten, Münster 2010.

MNU Deutscher Verein zur Förderung des mathematischen und naturwissenschaftlichen Unterrichts e.V. (Hrsg.)/Stephani, Robert, Bildungsstandards Chemie. Konkretisierung der Bildungsstandards und Kompetenzbereiche an Beispielen für den Chemieunterricht. Empfehlungen für die Umsetzung der KMK-Standards Chemie S I., Neuss 2007. Online unter:

http://www.mnu.de/images/Dokumente/rubberdoc/mnupublmnutrbschemieisbn16022.pdf.

Pfeifer , Peter/Lutz, Bernd/Bader, Hans Joachim, Konkrete Fachdidaktik Chemie, Neubearbeitung, München 2002.

Rossa, Eberhard (Hrsg.), Chemie Didaktik. Praxishandbuch für die Sekundarstufe I und II, Berlin 2005.

Walpuski, Maik/Schulz, Alexandra, Erkenntnisgewinnung durch Experimente – Stärken und Schwächen deutscher Schülerinnen und Schüler im Fach Chemie, chimica didacticae 104 (2011).